这本书属于海豹菲加的朋友 ____________

希望的家园

下吧，北极的雪

海豹菲加的故事

李 栗 著
王佳梦依 绘

内容提要

本书为国际爱护动物基金会（IFAW）“希望的家园系列”丛书之一，从琴海豹“菲加”的视角出发，讲述了生活在北极附近的琴海豹出生和成长的故事。本书旨在培养孩子们尊重生命、科学关爱动物的观念，引导小读者探索个人、社会与自然的内在联系，形成“人与自然和谐共处”的生态理念。

图书在版编目（CIP）数据

下吧，北极的雪：海豹菲加的故事 / 李栗著 . —
上海：上海交通大学出版社，2022.10
ISBN 978-7-313-26472-5
Ⅰ . ①下… Ⅱ . ①李… Ⅲ . ①海豹 – 普及读物 Ⅳ .
① Q959.839-49

中国版本图书馆 CIP 数据核字（2022）第 020364 号

下吧，北极的雪：海豹菲加的故事
XIABA,BEIJI DE XUE：HAIBAO FEIJIA DE GUSHI

著　　者：李 栗
出版发行：上海交通大学出版社
邮政编码：200030
印　　制：上海盛通时代印刷有限公司
开　　本：890mm × 1240mm　1/16
字　　数：41 千字
版　　次：2022 年 10 月第 1 版
书　　号：ISBN 978-7-313-26472-5
定　　价：49.80 元

地　　址：上海市番禺路 951 号
电　　话：021-64071208
经　　销：全国新华书店
印　　张：4.75
印　　次：2022 年 10 月第 1 次印刷

编委会名单

序

1997 年初春，我曾随国际爱护动物基金会去北大西洋的圣劳伦斯湾冰面上观察海豹。飞机几经辗转到了加拿大东部的小镇——爱德华王子岛。观察海豹的直升飞机会从这里起飞，带我们去有海豹产子的冰面。

碧蓝的天空在上，晶莹白雪覆盖的冰面在下。我坐在副驾驶的座位上，向下盯着人迹罕至的莽莽冰原，内心的期待也越来越强烈。我终于要在一望无垠的雪地里看到野生海豹了。

我们在海上飞行了近一个小时，忽然，在天地相接处有一片黑灰色，我贪婪地眺望冰原，但有些看不清。等到飞机逐渐接近这片似乎是冰块造成的阴影时，通过窗口我终于辨认出来，那是一大群海豹。透过厚厚的防寒服，我听到自己的心剧烈地跳动着，我兴奋地向后座的同事们招手示意，海豹找到了！

飞机环绕一周，落在冰面上。轰鸣消失后，霎时间留下的是大自然的寂静。打开机门，凛冽的寒风迎面扑来，空气里夹杂着一片尖细委婉的叫声，如同婴儿的哭声，此起彼伏。我们默默地踏上一望无际的冰面，唯恐惊动“巨大育婴室”里的母亲和孩子们。

一眼望去，冰面上有上百只琴海豹在自由自在地享受着生活。刚刚来到这个世界的小海豹，有的仍带着嫩黄色的胎毛，在母亲的爱抚下尽情地享受着乳汁的甜蜜和阳光的温暖。黑灰色的公海豹大多拖着肥胖的身体懒洋洋地晒太阳。有的海豹母亲在哺乳，有的则在冰下的海水里忙碌地捕食。

我慢慢地向远处一群大海豹走去，突然间被眼前的一只小海豹吸引住了。一团白色的小毛球正努力地乱爬，动作像小虫子似的。这个小家伙出生仅两周左右，已经能够很灵活地在尖利的冰块之间翻滚爬行。我在它身边趴伏下来，小家伙一双晶莹透亮的大眼睛好奇地回望着我。

“你的妈妈在哪里？”我正疑惑着，不远处的一个冰窟窿里露出一只母海豹的身影。它踩着水，上身露在冰面之上，胡须上仍滴着水珠，眼里不无焦虑地看着我，嘴里发出低声的警告，示意我离开它的宝贝。

小海豹每天要吃大量的母乳，才能尽快增加脂肪，抵御极地的寒冷。

为了满足孩子的食欲和成长的需要，海豹母亲每天要花很多时间和精力捕食。自己把还不会游泳的小海豹留在冰面上，一边捕食，一边透过冰层看护着自己的小宝贝，一旦发现危险就会从冰窟窿里跳出来保护孩子。

大概是因为听到母亲的呼唤，小海豹得到了勇气，兴致勃勃地提高了叫声，拖拽着自己胖胖的小身体，机灵地向妈妈爬去。

我则静静地趴在冰面上倾听着，感受着空气里无处不在的爱的力量。这个大育婴室，纯净洁白，一尘不染。这里蓝天白雪，阳光普照，没有任何阴霾，充满了生命的希望。

然而，仅仅在我们离开之后的几周内，巨大的破冰船就来到了这片冰面，打破了自然的寂静和安宁。捕杀者们用棍棒、砍刀、猎枪乃至鱼叉杀害了成千上万只无辜的生命，甚至包括还未脱乳毛的婴儿海豹。

这么多年过去了，我一直希望当初与我对视的那对海豹母子能够逃过那场浩劫。但是，即便逃过那一次捕杀，它们的一生又要经历多少次和自己孩子的生离死别呢？随着全球变暖，冰层渐渐缩减，小海豹即使长大了，还能回到那片冰面上去繁衍它的后代吗？

这篇不是童话的童话，以海豹的视角讲了一个孩子成长的故事，也讲了一个母亲的故事。同样是生命，海豹和我们的区别到底在哪里？而我们又对它们承担着什么责任呢？

葛芮
国际爱护动物基金会亚洲地区总代表

目　录

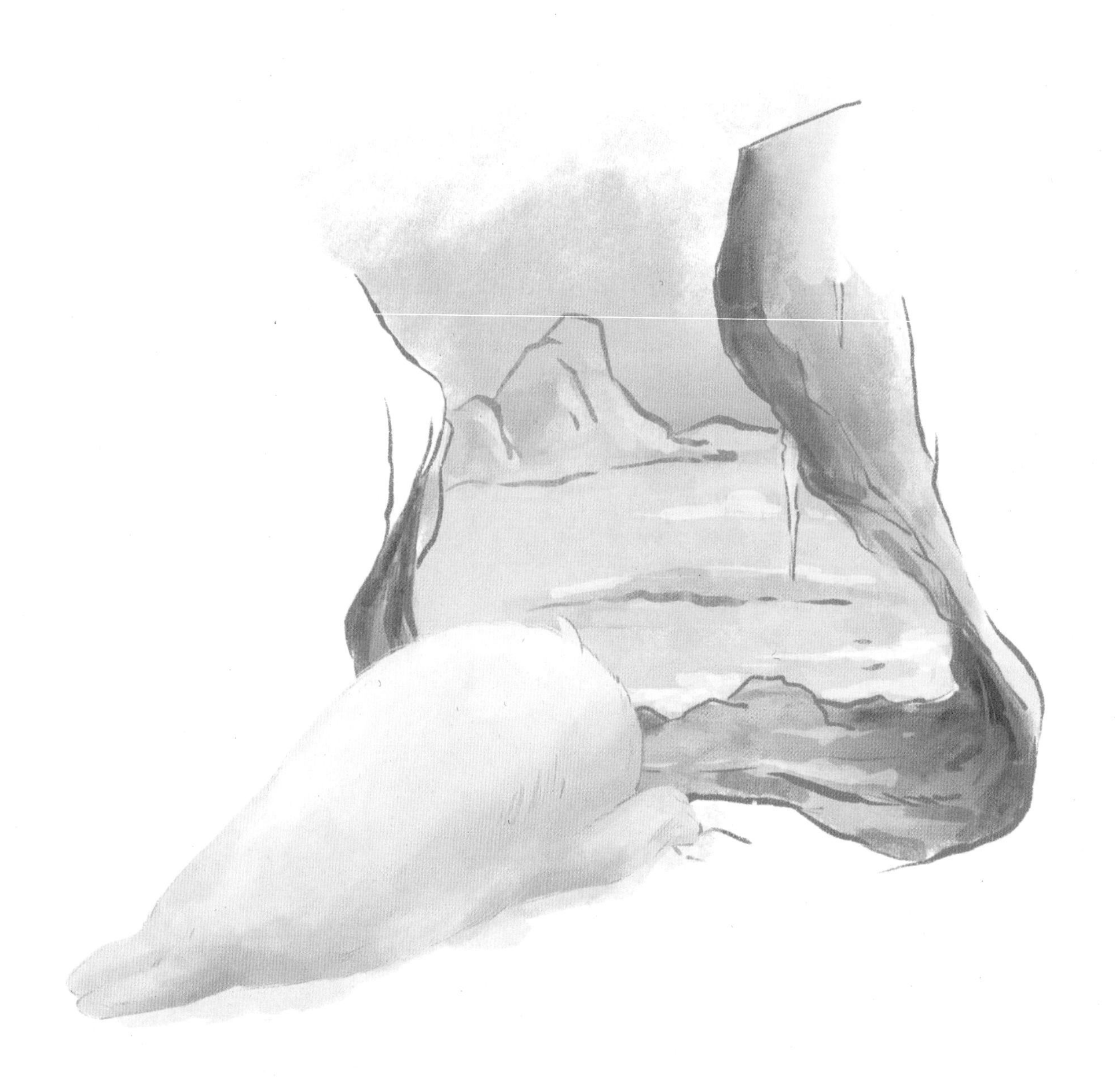

第一章
白色世界

还没睁开眼睛，我就已经感受到了强烈的光亮。周围的空气寒冷而干燥，为了对抗这刺骨的温度，我下意识地浑身打颤，不自觉地向身边一堵温暖而柔软的“墙”靠近。

依靠着这股温暖，我很快就暖和了过来。空气中飘来一股香甜的气息，我扭动着笨拙的身体，撅着鼻子四处寻找这气息的来源。终于找到了！我迫不及待吮吸起来，香甜可口的乳汁瞬间流进了我咕咕叫的小肚子。我的耳边响起一首童谣，那声音宁静而安详。

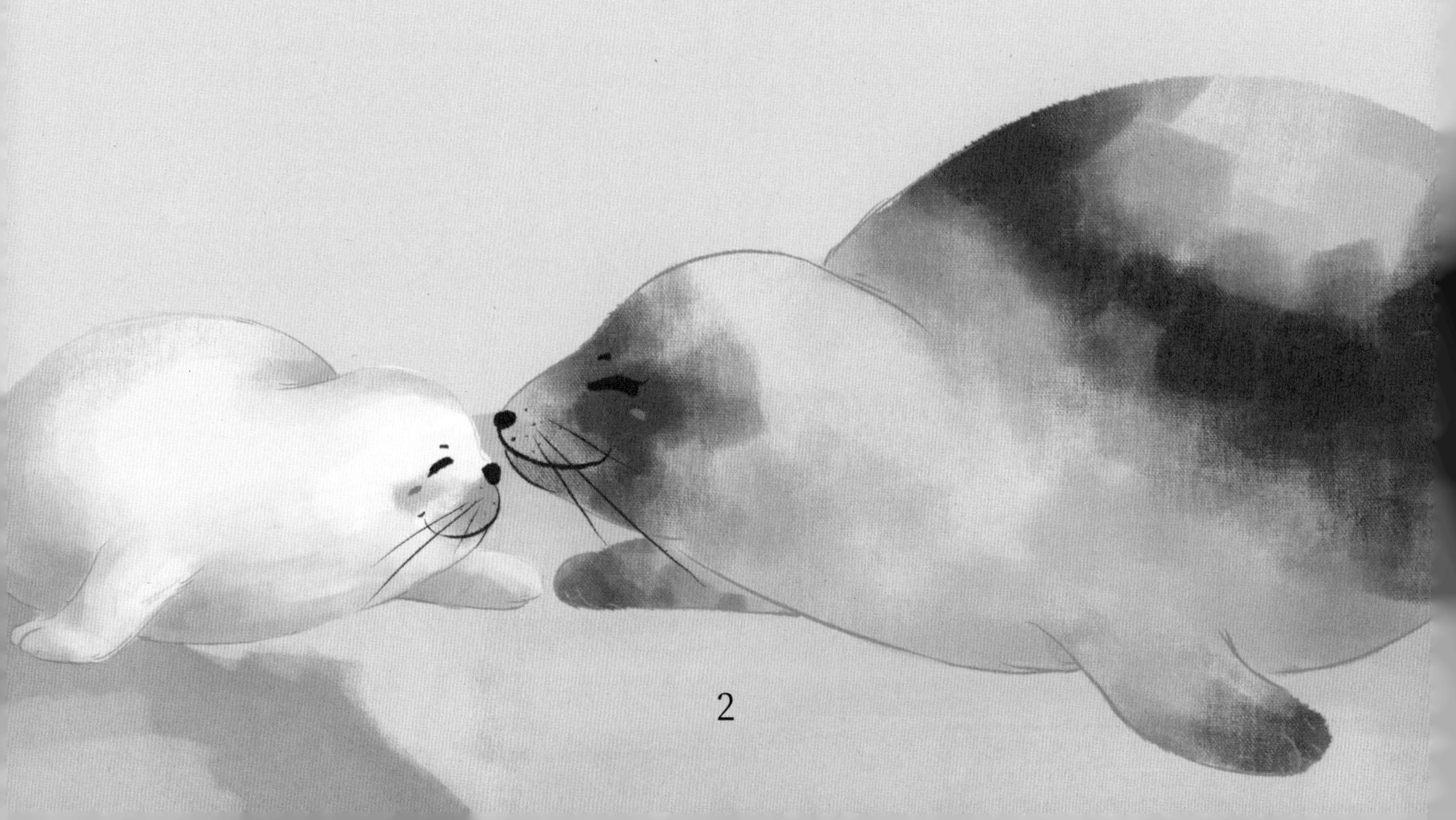

“嗝——”吃饱的我心满意足地揉了揉肚皮，快活地打了个滚儿。我尝试着睁开眼睛，这才发现自己正躺在一个洞里，一双亮晶晶的黑色大眼睛正一眨一眨地看着我。是妈妈！妈妈温柔地看着我说：“菲加宝贝，你好！”原来这堵温暖而柔软的“墙”是妈妈的怀抱。

我和妈妈的家是一个晶莹剔透的白色洞穴，洞不大不小刚好能容下我俩，既保温又隐蔽。接下来的几天，妈妈在洞里寸步不离地陪着我，她总是会在我睡醒吃饱之后给我讲好听的故事。有听上去令人毛骨悚然的“怒吼的北极熊”，有逗得我哈哈大笑的“笨笨鱼”，还有使我伤心难过的“海鹦宝宝找妈妈”，不过我最喜欢听的是与虎鲸斗智斗勇的“海豹大叔历险记”。

每次听完故事，我都会冒出一堆问题：“妈妈，为什么这个季节带着孩子出来觅食的北极熊特别危险？”“妈妈，虎鲸和格陵兰鲨鱼谁更厉害？”“妈妈，大海里究竟有多少种美味的鱼呀？”“妈妈……”妈妈总是耐心地解答我所有的问题。这些故事让我对这个未知的世界充满了好奇和期待。

不知不觉中，我身上的绒毛已经从刚出生的淡黄色变得雪白，但仍和妈妈灰黑色的光滑皮毛截然不同。妈妈说她深色的脸颊和身上弯弯的黑色花纹是我们琴海豹成年的象征。

我的块头大了不少，洞穴也变得拥挤了起来，我们要寻找新的住所了。外面的世界是什么样的呢？是不是像故事里描述的一样精彩？我盯着洞口想得出神。妈妈似乎看透了我的小心思，用身体把我拱向洞外：“菲加，是时候出去看看了，别怕，有妈妈陪着你。”

我小心翼翼地探出头，忽然，一股狂风卷着冰粒砸到我的脸上。我毫无防备，被吹得立刻闭上眼睛，缩回洞里。深吸一口气后，我再次鼓起勇气探向外面，顿时被眼前的景象惊呆了。湛蓝的天空下，一望无际的雪原在阳光下闪着明晃晃的光。雪原的尽头，连绵的冰川高耸入云。原来世界这么大！我兴奋地舞动着短小的前肢，用力地撑住自己胖胖的身体挪出洞穴，尾巴努力地左右摆动维持平衡。很快，我就看见了妈妈故事里的蔚蓝大海！那里就是白鼻叔叔历险的地方！

海边的冰面上有无数长得和我一样的毛绒团子挤在一起嬉戏，妈妈说他们和我一样，都是今年春天刚刚出生的小海豹。这个海湾的冰层非常厚，最适合海豹生产和哺育后代，就像是我们的天然幼儿园。

春天的暖阳照射在冰面上，我们享受着这个美好的午后。大家有的懒洋洋地躺在冰面上晒太阳，偶尔拍打着肚皮和同伴聊天；一些和妈妈一样披着灰黑色皮毛的大海豹正从海面浮冰的缝隙中钻出头来，四处张望，用力爬上了冰面。海豹群里还能时不时地听见海豹妈妈和海豹宝宝之间此起彼伏的呼唤声。是的，海豹的听觉非常灵敏，妈妈们可以在无数长得一模一样的小海豹中迅速辨别出自家孩子。

“你将来也会和他们一样的。”一个声音从后方传来，我转过身去，发现是一只比我体形大不少的海豹。他的额头上有一块心形的斑纹，浑身覆盖着硬质银灰色的短毛，上面缀着淡淡的黑色斑点。

“我是去年出生在这里的，”他对我说，“我叫尼克。”

尼克很快就成了我在这个世界上的第一个好朋友。他每次下海捕鱼回来，都会带着我钻进雪堆和其他小伙伴捉迷藏，我们还会一起在冰面上打滚儿。玩累了，我们就肩挨着肩，躺在冰面上舒坦地晒太阳。尼克曾对我说起过他最崇拜的长辈——白鼻。

白鼻是族里的传奇，听说他去过很远的地方，见识过很多新奇的事物，还和人类打过交道。“人类是什么？我怎么从来没听妈妈说起过？”我不解地问。尼克转了转眼珠，说：“我也没见过，反正人类不是我们吃过的任何一种鱼类。” 他顿了顿，继续说：“不过白鼻曾经说过，有的人类很危险，我们最好躲得远远的。”我翻了一个身继续问道：“难道比北极熊和虎鲸还危险吗？”“不知道。或许白鼻已经在回来的路上了，我等不及听他讲那些冒险故事了。”尼克也翻过身，语气里充满期待。

这是一个明媚的清晨，白鼻从远方回来了。他被一大群族人团团围住，大家都好奇地问这问那。我们两个小不点儿费了半天劲才挤到白鼻的跟前。他是我见过的最高大的海豹了，瞧他身上那道巨大的黑色斑纹，似乎在暗示着不同寻常的经历。我使劲地仰着头，忍不住大声问：“白鼻，你这次看到人类了吗？听说人类是用两条腿走路的，是真的吗？他们有鳍肢吗？他们会不会游泳？”

“没有……”白鼻垂头看向我，说：“不过小家伙，假如哪天你遇到了人类，可一定要赶紧躲起来！”他的神情复杂。我一下子愣在了那里，不知道该说些什么，不一会儿就被其他热情的伙伴挤到了后面。

第二章 红色怪物

除了吃饭、睡觉和尼克玩耍，我开始跟妈妈学习如何在冰面挖洞，这是我们海豹躲避天敌的一项重要的逃生技巧。妈妈还教给我很多求生知识，比如：要是我在海里遇到了格陵兰鲨，就要立刻找到离冰面最近的通道逃到陆地上；如果遇到虎鲸，千万不要停留在通道边缘，要尽量远离大海才能安全；海豹最大的天敌是北极熊，所以一旦在陆地上遇到他，就要赶快跳到海水里迅速游走。妈妈说，别看我们在陆地上只能缓慢地爬行，可一旦到了水里就变成了游泳健将和潜水专家呢。

每当我和尼克趴在冰面上，一起眺望着红色的夕阳一点一点地消失在远方的海平线上，一起听白色的海鸥在天空中嘹亮地歌唱，我真希望自己能像尼克那样，跳进那片无尽的蓝色海水里，旋转、俯冲、下潜，尽情舒展身体。我甚至开始不喜欢自己的白色绒毛了。“别着急，”尼克拍拍我的肩膀，“当小海豹还不具备游泳能力的时候，白色的绒毛可以抵抗寒风，还是很好的保护色，不容易被北极熊发现。菲加，再耐心一些。”

终于迎来了我盼望已久的“大日子”。

“尼克，妈妈说我明天就可以跟着她下海了！”我兴奋地指着身上几片隐约泛着银灰色光泽的新皮毛说。

“祝贺你，菲加。”尼克说着，从身后推出了一个用雪堆成的东西，上面缀着小鱼，一个硕大的白色贝壳立在正中间。“菲加，这是我送给你的礼物，一个‘蛋糕’。”

“什么是‘蛋糕’？”我惊喜又好奇地问尼克。

“哈哈，前两天我去请教了见多识广的白鼻，他说人类用蛋糕来庆祝生日和重要的日子。虽然我不知道人类的蛋糕是用什么做的，但听说它是白色的，而且非常美味，于是就专门为你做了这个‘蛋糕’。”他指了指上面的贝壳，“还有这个，应该是这片海域里最大的，我在海里找了好多天才找到的。”

“谢谢！”我接过“蛋糕”，眼里充满感激地说：“尼克，你真好！”

我取下蛋糕上的贝壳，正准备邀请尼克分享这份美味，突然感到身下的冰面剧烈地抖动起来，伴随着轰隆隆的巨响，我闻到了空气中飘来的一股刺鼻的气味。我吓了一跳，刚刚捧起的蛋糕也掉在了冰面上。我抬头望向大海，努力寻找声音的来源，发现远处一个高大的红色怪物正吐着黑烟向我们冲过来。冰面上正在休息的海豹也被剧烈的震颤和巨大的声音惊醒，满脸惊恐地看向红色怪物。“是人类的船！跑，快跑！”白鼻瞪圆了双眼，嘴边的胡须不住地颤抖，他用前肢不停地拍打肚皮，竭力向大家发出呼喊。

大家开始四散奔逃。有的就近跳进了冰缝或冰洞，匆忙潜入海里；有的只能找到最近的通道，钻进雪洞里。而我和尼克则在一片混乱中被冲散了。怪物越来越近，声音也变得愈发刺耳，我紧紧攥住手心里的蛋糕贝壳，趴在慌乱的族群中，由于太过害怕而动弹不得，只能不断呼唤着：“妈妈！妈妈！你在哪里？”

“菲加！”妈妈拨开四处逃窜的同伴，冲到我面前，用头顶着我的身体，奋力地推着我逃跑。“我们必须找个安全的地方躲起来！”妈妈迅速将我推进一个隐蔽的雪洞里，然后自己也钻了进来，她挥动强壮的鳍肢，用雪封住了洞口。

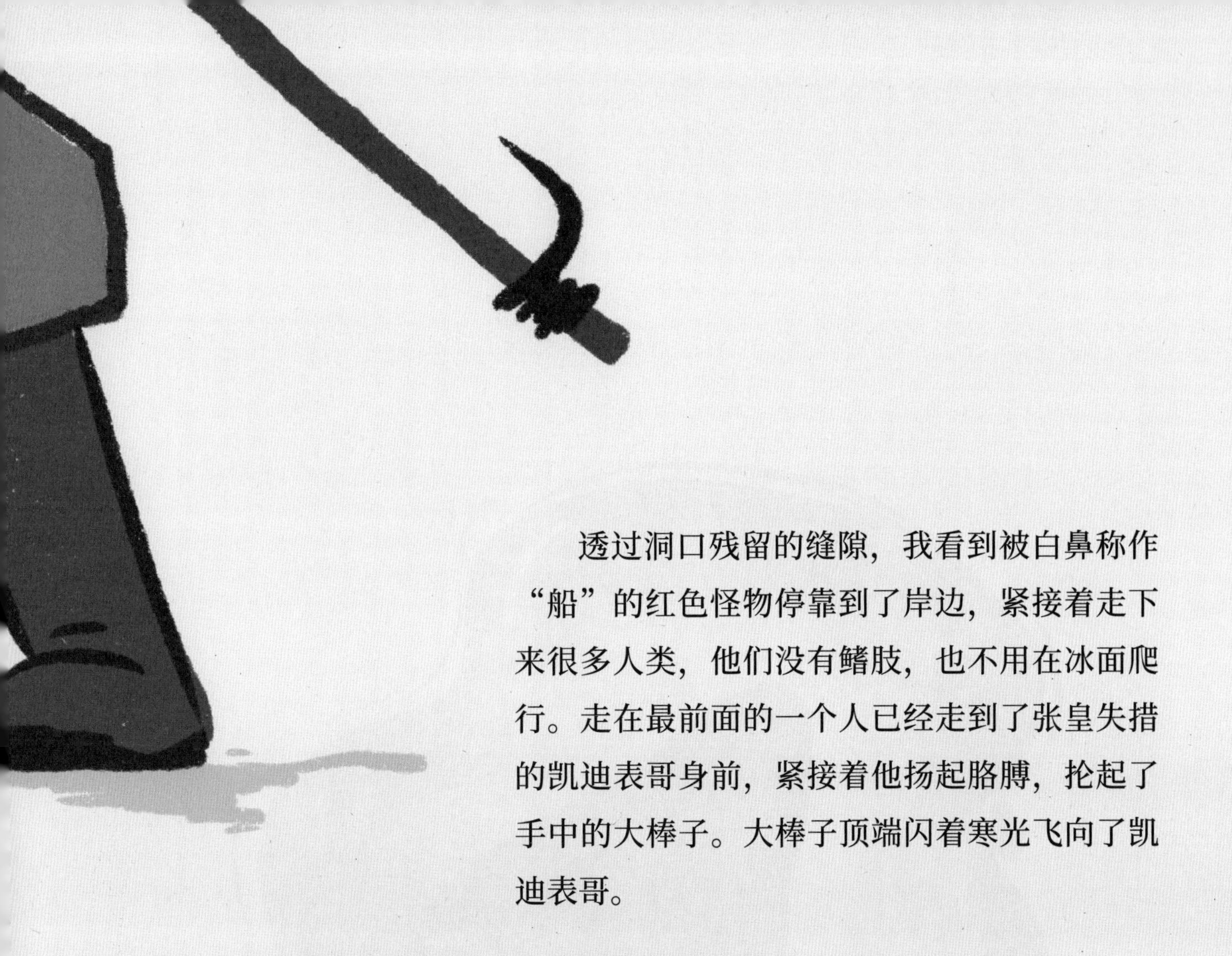

透过洞口残留的缝隙，我看到被白鼻称作“船”的红色怪物停靠到了岸边，紧接着走下来很多人类，他们没有鳍肢，也不用在冰面爬行。走在最前面的一个人已经走到了张皇失措的凯迪表哥身前，紧接着他扬起胳膊，抡起了手中的大棒子。大棒子顶端闪着寒光飞向了凯迪表哥。

看到这个情景我吓得立刻闭紧了双眼，浑身瑟瑟发抖。妈妈紧紧地把我搂在怀里，不再让我向外张望。我知道，妈妈一定也吓坏了，我能感觉到她的身体也在微微颤抖，我把头埋得更深了。虽然看不见，但是我仍然能听到越来越多的人类踩在冰面上“咯吱咯吱”的声音，仍然能听到被追赶的海豹们慌乱逃生的声音，仍然能听到他们痛苦而绝望的哀鸣。“嘘——”妈妈一边轻声提醒我不要出声，一边轻轻地摩挲（mó suō）我的后背。

第三章
逃过一劫

雪洞外的喧嚣渐渐平静，地面再次颤抖起来，红色怪物的轰鸣声越来越小，直至消失。我跟着妈妈爬出了洞，眼前的一切却变成了我不曾见过的样子——一道道鲜红的痕迹纵横交错地从我身边延伸至大海，曾经白得耀眼的冰面被这些飘着血腥味道的红色痕迹割裂成无数碎片，曾经湛蓝清透的海水也被染成了红色。天空又下起了大雪，悲伤像散落的雪花一样，铺天盖地地包裹着幸存的海豹们。

自打那天人类来过，冰面上的海豹少了很多，逃过一劫的同伴们还是会聚在一起晒太阳，只是大家变得沉默寡言。我四处寻找尼克的身影，挨个去问有谁见到过额头上长了一颗心形斑纹的家伙，但没有人知道他在哪里。

我开始努力练习着游泳的基本动作，期盼某天从海里爬上冰面就能看到尼克黑亮的眼睛和笑嘻嘻的脸。我是多么想与他分享入水的感受！可日子一天天过去了，我已经可以短距离游动，但尼克却依然没有回来。我失落地坐在冰面上，遥望着天边血红的夕阳，又低头看了看手里尼克送我的那只贝壳，第一次被孤独攫（jué）住了心房。

“菲加，生命不总是有亲人或朋友的陪伴。无论遇到什么事，都要勇敢坚强地去面对。”妈妈忧心忡忡地看着我说。她消瘦了许多，眼神中写满了不舍：“你长大了，要学会独自面对生活。独立，是我们琴海豹成长中最重要的一课。以后你一定要小心保护好自己，无论我是否在你身边，都要记住，妈妈永远爱你。”

我点了点头，紧紧地拥着妈妈，心中涌起一丝疑惑与不安。

一个狂风卷着冰粒肆虐的早上，妈妈亲了一下我的额头就离开了，那是我最后一次看见妈妈，也是我独立生活的开始。从那以后，我变得寡言少语，习惯了独来独往，每天守着落日，趴在海边的浮冰上眺望远方，企图从余晖跃动的波涛中辨认出妈妈和尼克的身影。

又是一个黄昏，白鼻来到了我身边，他拍了拍我的头，什么也没说。我鼻子一酸，把头扎进了白鼻的怀里：“白鼻叔叔，妈妈是迷路了吗？她会不会是被人类抓走了？还是……妈妈不要我了？”“菲加，为了让孩子变为真正成熟的海豹，所有的海豹妈妈把自己的孩子哺育长大后都会忍痛离开……”他的声音温柔而低沉，好像在对我说却又好像是在自言自语：“只要不遗忘，我们爱的人就不曾离开。”

第四章
哈瓦湾的故事

很久以前，北极圈附近有个名叫哈瓦的海湾，那里的春天有不会沉落的太阳。

哈瓦湾有一只与众不同的海豹。尽管对于大多数海豹来说，丈夫有了孩子之后就会离开家，留下妻子独自照顾孩子，但这只海豹却只想一直守护在家人身旁。一天，他衔着一条美味又营养的鳕鱼兴冲冲地游回家，却发现他的妻子和孩子已不见了踪影，眼前只有支离破碎的雪洞和一地鲜红的印记。

这天起，他开始没日没夜地在海中循着船只离开的方向追去。即使凶猛的虎鲸从他身边穿行而过，即使狂风骇浪猛烈地拍打在他的脸上，他也没有片刻犹疑。在他心里，唯一的念头就是找到妻子和孩子。

船停泊在一个喧嚣的海港，空气中弥漫着令人作呕的血腥味和油污味。他躲在一块浮冰后面伺机寻觅着。这天，他惊讶地看到了角鲸。这种古老而高贵的生物是海洋中神圣的存在，几千年来被其他动物敬畏着，如今却被高高吊起，奄奄一息。还有像小山一样被堆起来的鳕鱼，就这样暴晒在阳光之下开始散发腥臭，他从来没有见过这么多的鳕鱼。鳕鱼是海豹最喜欢的食物之一，没有谁舍得抓完了不吃而浪费掉。“只在饥饿时捕猎，不要把猎物赶尽杀绝”是每位海豹猎手的行为准则。

他忍受着混合了血污的海水向停靠的船只又游近了一些。甲板的另外一角，无数海豹和各种斑纹的皮毛摞在一起，没有一丝动静。他没有办法分辨那些面孔，没有办法找到家人，绝望涌上了他的心头。

白鼻的故事讲到这里就停止了，而我此时已满脸泪痕。我抬起头，向白鼻提出了这些天在心里挥之不去的一个问题：“人类为什么要这么做？”

白鼻叹了口气："很久很久以前，在人类还没有诞生的时候，我们海豹家族就已经生活在这片海洋里了。后来人类出现了，居住在海边的人类将海豹的肉作为食物来源。除了吃肉，他们也会用我们的皮毛做成衣服来保暖。这是大自然运行的方式，就像我们也要捕鱼吃一样。然而，人类并没有抑制住他们不断膨胀的欲望，他们不再满足于吃饱穿暖，开始肆意猎杀海豹，捕捞海洋生物，甚至还把鳕鱼变少赖在我们海豹的头上。如果说最初的捕杀是为了生存，那么现在他们所做的一切只是因为无止境的贪婪。"

"但是，菲加，你要知道，并不是所有的人类都是如此。我曾在港口遇见一群人，他们的船很干净，没有一丝血迹，也看不到一只动物的尸体。他们去那里是为了阻止屠杀，为了呼吁更多的人类反思自己的行为，停止对大自然没有节制的索取。"

第五章
重拾勇气

“菲加，无论经历多少磨砺，无论失去了什么，你都要记住，有一点刻在我们的生命里，永远不会改变。”白鼻突然转换了话题，“我们海豹天生属于大海，大海是我们的一切。”

“潜到大海深处去看看吧！”白鼻滑入了水中，鼓励着我，“你已经足够强壮，现在需要做的就是勇敢地迈出第一步。”

于是，我深深地吸了一大口气，关闭了耳朵和鼻孔，跳入海中准备向未知领域探索。随着光线逐渐变暗，身边的海水从四面八方向我压来，越发沉重的身体让我有些紧张。白鼻示意我转个圈，于是我在张开宽大的尾鳍、交叉摆动前肢的同时，把脑袋向左侧一歪，身体顺势就随着弧度画出了一个完美的圆形。紧接着我又尝试连续翻了几个跟斗，这是我在陆地不可能完成的动作呀！

我不再紧张，开始沉迷于在深海“翱翔”的感觉。和冰原相比，这新奇多姿的水下世界完全是另一番景象！半透明的霞水母伸出长长的触手，散发着晚霞般绚丽的光彩；丑丑的鮟鱇（ān kāng）鱼张着大嘴，全身皮肤布满了凸起的疙瘩；还有那成群游弋的鳕鱼，在水中闪耀着淡淡的银色光泽，看上去十分鲜美。

大海开启了我内心深处最不可思议的能量，在这里我看到了更宽广的世界，还看到了……妈妈！前方出现了一团光芒，我从光芒中看到了妈妈在向我微笑！妈妈，你看到了吗？你的小雪团子已经成为了真正的海豹！妈妈……我还有一肚子话没有来得及跟妈妈说，身体却开始快速往上浮，妈妈和那团光芒也消失了。

我重新钻出了海面，大口大口地呼吸着新鲜的空气，原来是白鼻把我托起来的。我们一起爬回到冰面上：“白鼻叔叔，谢谢你，我现在感觉好多了。而且……我刚才好像看见了妈妈，但是很快又消失，你看见她了吗？”“菲加，如果你的妈妈看到你现在这么棒，一定会很开心的。”白鼻的眼神中充满慈祥。

第六章

欣喜重逢

春天过后，我带着对妈妈和尼克的思念，和同龄的小伙伴们搬去了更寒冷的地方度过夏天，等到秋天再回到南边。那只“红色怪物”时不时地出现在我们的白色世界里，从未停止过杀戮。时间就这样在来来回回的迁徙和躲避中过去，我身上的皮毛每年都在变化，身上的小斑点消失了，后背上那道弯弯的黑色斑纹愈发明显，直到长得和妈妈一样了。这一年的春天，我回到了六年前出生的地方。

午后的阳光把一切都照得白晃晃的。刚刚吃饱的我满足地侧卧在冰面上，眯起眼睛想要打个盹儿。

一阵骚动却将我从一片蔚蓝色的梦境中拉回到现实。我睡眼惺忪地看过去，有几个身影正在朝这边爬过来。原来是族群里几只年轻的海豹捕鱼归来，正兴奋地分享着今天的收获。“你们都不知道，今天的情况有多惊险！”说话的是丽塔，她是一位和我年龄相仿的美丽姑娘。她光滑的皮毛在阳光下泛着耀眼的光泽，一双明亮的大眼睛左顾右盼。“要不是尼克足够警觉，带我们赶紧逃跑，我们现在恐怕就是那只北极熊的下午茶了！”丽塔一边说着，一边看向她身边的青年。“是啊，是啊，北极熊的爪子差点就抓到你了，真是惊险！”其他几只海豹也看向青年，随声附和道。

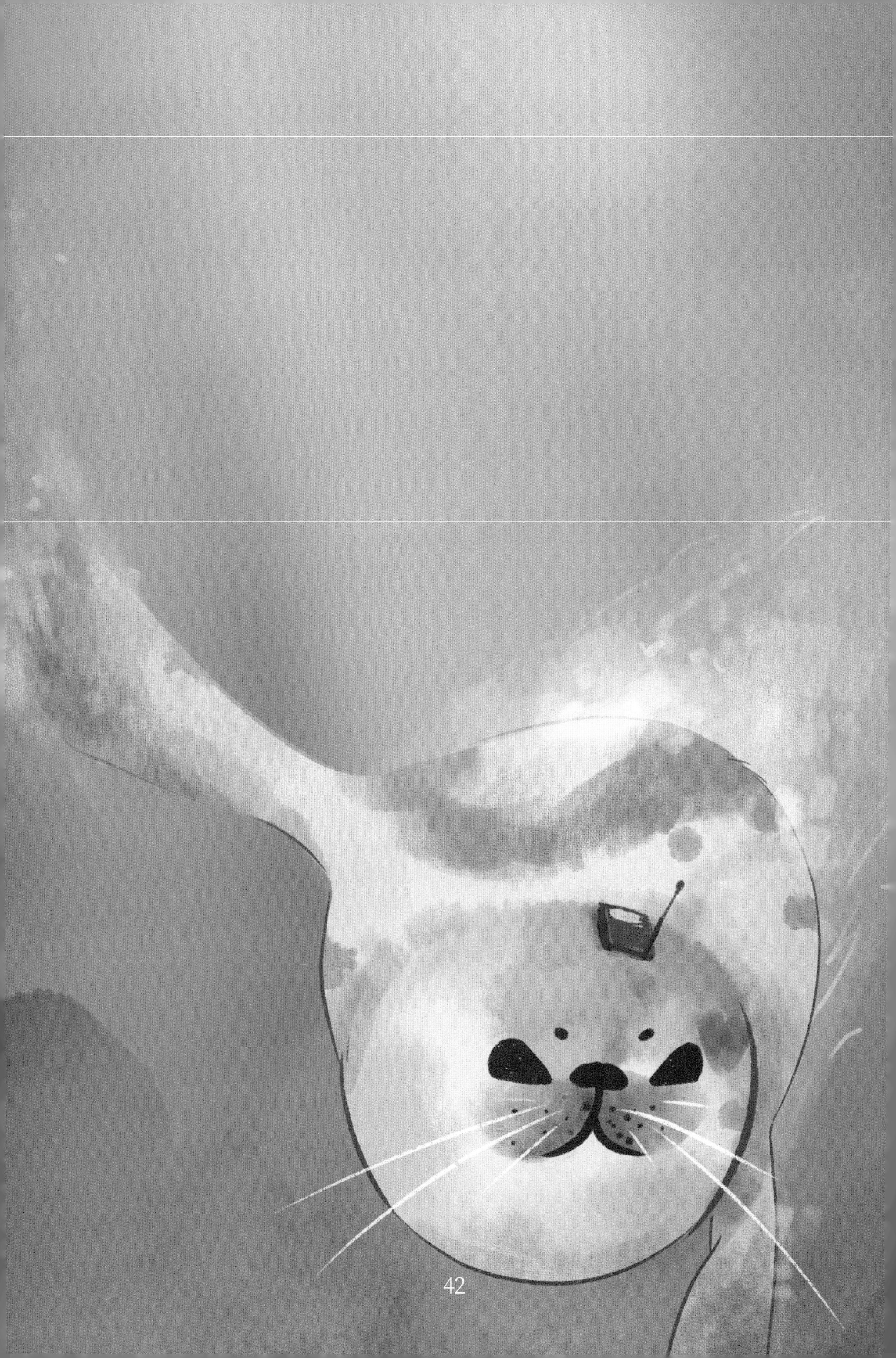

尼克！我的心突然悸动了一下，顺着众人的目光看去，只见一头高大健壮的海豹正微笑着，他额头上那独特的心形斑纹格外引人注目，只是他的头上好像多了一只奇怪的“角”。真的是尼克吗？“菲加！”还没等我开口，尼克就发现了我，他热情地冲我挥着前肢，兴奋地喊着，然后向我靠近。

尼克一双炯炯有神的眼睛注视着我：“菲加，能再见到你真好！”“是呀，真好。你……你怎么在这里？”我一时还没有完全从惊讶中缓过神来。

“六年前的那天，我被抓走了，塞进了一张拥挤的网兜，被带去了人类生活的港口。但还没等他们来得及处置，我又被另外一群人带走了。这些人类和之前的那些不同，他们帮我解除了束缚在身上的网兜，给了我很多鱼吃，还帮我治疗了伤口。他们每天都在照顾被解救回来的海豹。在把我放归大海之前，他们还给我安装了这个。”尼克指了指自己头上的“角”继续解释，“这个叫追踪器，可以帮助他们了解海洋的情况，也能保护我们。虽然我不知道这个追踪器到底是什么东西，但是我相信他们。”

我和尼克趴在海边，就像小时候一样。我小心翼翼地拿出一个已经风化褪色的大贝壳——那是他送给我的第一份礼物。他久久盯着贝壳，露出了我熟悉的笑容。

“尼克，你终于回来了。”我注视着他的眼睛。

那一刻，他的眼中也闪耀着光芒。

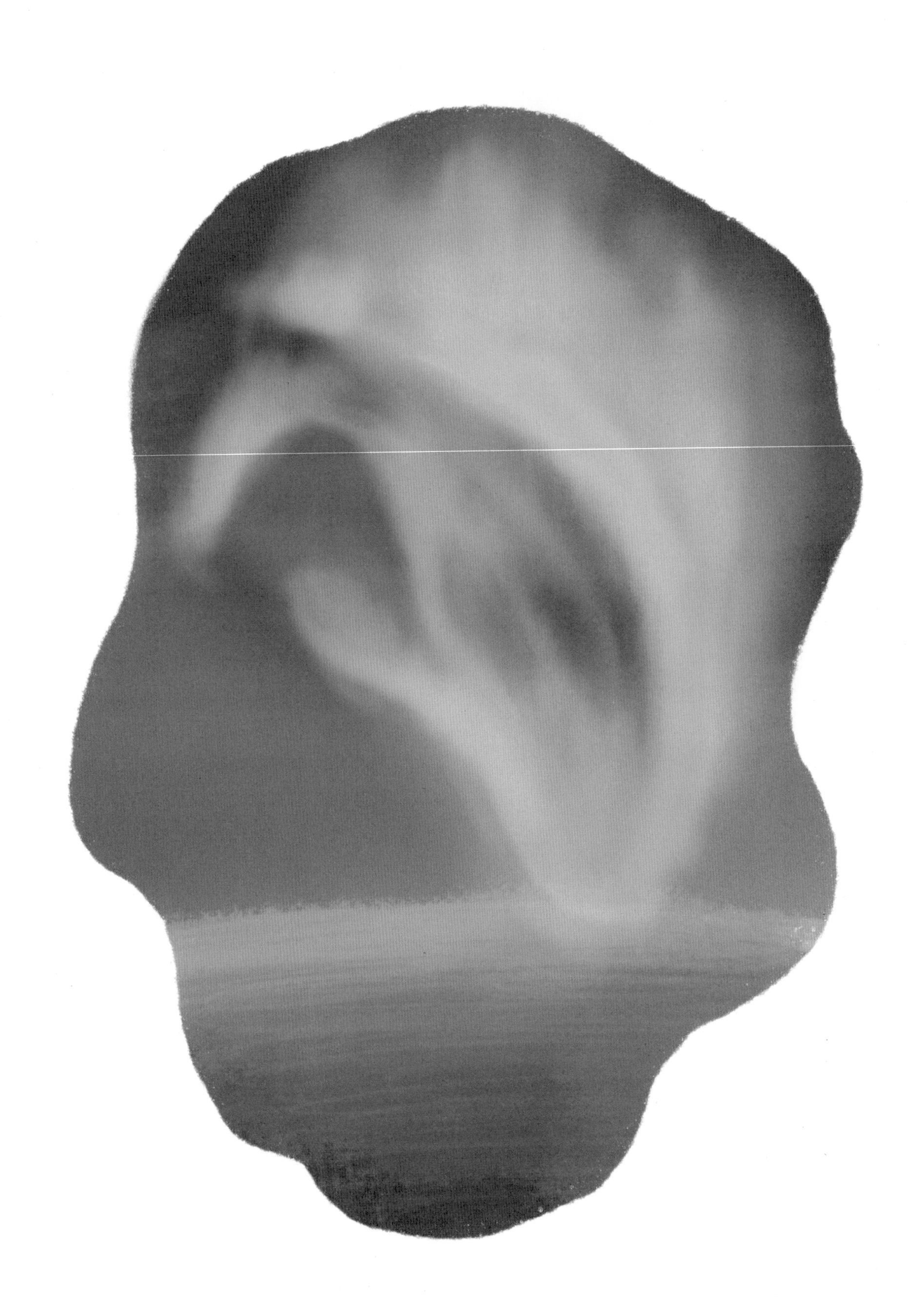

第七章
看到
北极光

与尼克重逢后，我不再感到孤独。我们在冰面上一起追逐嬉戏，用鳍肢互相拍打，用清亮的叫声表达对彼此的爱意，风雪来临的时候也互相依偎取暖。

生活带给我的惊喜远不止这些——我和尼克的爱情结出了一颗小小的种子，我能感觉到她正在我的身体中萌芽，生长。面对这生命的馈赠，每一天，我的内心都充满了欣喜与感激。

“一定很像你，”尼克说，他黝黑的脸庞，衬得他的眼睛愈发明亮，“我们的孩子一定会和她的妈妈一样美丽。”

深蓝色的天幕上布满了璀璨的繁星。这时，一道道耀眼而绚丽的光芒打破了寂静的夜空，绿色、蓝色、紫色……它们交相出场，曼妙地舞动着，海面上映出了五彩斑斓的影子。白鼻曾说，这是北极光，是幸运的使者，每一次出现，都会给海豹带来好运。

我注视着天空，虔诚地祈祷这美丽的光芒能够给我的孩子带来好运。

“就叫她星星吧，我们的孩子，和天上的星星一样美好。”尼克温柔地说。

就在我当年出生的冰原上，我也在等待着星星的降临。

这个春天似乎来得格外早。远处绵延的冰川不断在断裂，发出剧烈的响动，然后翻腾着掉入大海中，变成漂浮的冰山。这片孕育了世世代代琴海豹的古老冰原，随着不断融化的冰面，已经远不及我小时候那么广袤，就连我们的天敌——北极熊这两年也见得少了。附近海域的鱼类，似乎也在变少，有的时候为了填饱肚子，我们不得不游到更远的地方去捕猎。

“菲加，你和星星等着我回来。”一天清晨，尼克吻了吻我的额头，便随着其他年轻猎手一起，游向了更遥远的海域。

尼克走后不久，前所未有的疼痛感向我袭来，我一遍又一遍使劲弯曲自己的身体，不停地大口呼吸来缓解阵痛来临的窒息。群星熠熠闪耀，银色的月光倾洒在海面上，天空与大海共同见证着新的生命降临在这古老的白色世界。经过筋疲力尽的挣扎，我终于看到了星星那张可爱的小脸。我们的星星是一个憨态十足的小姑娘！瞧，她全身裹着淡黄色皮毛，一拱一拱地扎进我的怀里开始大口吸着乳汁。我哼起妈妈曾经唱给我的童谣，轻轻搂着我的宝贝。

很快，星星就长成了一个像雪一样洁白的毛绒团子。她眨着乌黑的大眼睛，认真聆听我讲的每一个故事。

“后来，他们就永远幸福地生活在一起了。”无论什么样的故事，我只要用这句作为结尾。这时，星星便会愉快地咧开嘴，咿咿呀呀地笑着。

星星的出生给我带来了无尽的喜悦和温暖，可是洞外的世界，又总是让我感觉隐隐不安。随着气温的升高，冰面正变得越来越薄，不断有整片的冰层断裂破碎。前几天，有几只比星星晚出生几天的海豹宝宝不小心从裂缝中掉进了海里，再也没有上来。

星星的体重已经增加了很多，但我宁可忍着饥饿也不敢离开她半步。我知道害怕并不能真正解决问题，在星星开始褪去白色绒毛的时候，我决定尽快教会她游泳。

“星星，跳到水里来，别怕，有妈妈陪着你。”我一边拍水，一边招呼着还在岸边迟疑的星星。

在我的不断鼓励下，星星终于下了决心，勇敢地滑进了海里。

“星星，像妈妈一样使劲儿地摆动尾巴！”我继续给星星做着示范。

“对了，你做得很好！”看着她可以在水中自由地舞蹈了，我心里的石头也终于落地了。

成年海豹通常可以一口气在海中畅游十几分钟再上来换气，但是星星毕竟还小，很快我便喊她回冰面上休息。就在星星用她稚嫩的前肢撑在浮冰洞口笨拙地往上爬的时候，洞口的冰层突然碎裂了，她一下子又掉回了海里。刚才的游泳练习已经几乎耗尽了孩子的体力，她无法再在海中保持平衡，而是跟着暗流翻滚下沉。我追上星星，用身体去挡住她，使她不再被冲远，然后一次次把她顶向水面。缓过神的星星在数次尝试后，终于爬上了岸。

我和星星躺在冰面上大口地喘着粗气。

夜空中，北极光再次出现。斑斓的光线映照在我们的身上，依然美丽而神秘。我把星星紧紧搂在怀里，和她一起疲惫地睡去。

尾声

在这个温暖的春天，大多数新出生的小海豹都没能熬过去。记忆中的白色世界已不复存在，大家伫立在破碎的冰面上，默默无言地看着波涛汹涌的大海。

“也许，我们该离开这里了。”白鼻环视着被伤感和不安笼罩着的族人们，若有所思地说，“我们总要生存下去。”

白鼻的目光与我的目光相对时，我却犹豫了，我还在等待尼克回家。

“他会回来的！”我语气坚定地说，又仿佛是在自言自语。

“好吧，菲加，”白鼻轻轻叹了一口气，他指着不远处一块将要裂开的冰面说，“我们就再等几天，等到那块冰断裂成两半。”

接下来的这些天，我抱着星星，眼睛盯着离海水最近的那块冰面。怀里的星星睡着了，而冰面的缝隙正变得越来越大。我知道，为了孩子，必须要走了。我将那个珍藏了多年的贝壳，轻轻放在海边。经历那么多磨难，我依然心怀希望。尼克，你一定会归来的，对吗？你看到贝壳就会来找我们的，对吗？我深信不疑。

迎着金色的朝阳，在白鼻的带领下，我和家人们一起奔入大海，浩浩荡荡地向那充满未知而又载着希望的远方进发。

我转过头，最后一次回望这片见证了我的出生和成长，承载了无数喜悦与伤感的冰原，热泪一下子充盈了眼眶。

告诉我，你面庞的沧桑背后曾经历怎样的风浪；

告诉我，从今往后我们将不再遭受杀戮与苦难；

告诉我，我们也可以尽情享受生命的欢乐与爱。

（请帮助菲加给她的家人写一封信吧！）

海豹
小百科

菲加和它的海豹大家族

很久很久以前，在人类还没有诞生的时候，遥远的太平洋上生活着一群奇特的哺乳动物。它们脖子短粗，脑袋溜圆，脸部与猫十分相像，身体呈纺锤形，四肢很像鳍，眼睛和鼻子长在头的顶部，是天生的游泳健将。这群动物在现在的美国加利福尼亚州外海的海域自由幸福地生活繁衍。

后来，这些动物适应自然的能力越来越强，它们中的一部分开始迁徙，先是到北太平洋、大西洋，然后到南半球，甚至两极，最终遍及全世界。

2000 多万年后，人类发现了这个神奇的物种，因为它们长相类似猫科动物，在水中又灵活敏捷，便将它们命名为“海豹”。现代科学认为，海豹由生活在陆地的动物演化而来，这些动物与狗、熊等现代哺乳动物有密切联系。在大约 3000 万年前，由于海洋中有更多的食物来源，这些动物便移居到海洋中。目前发现的最古老的海豹化石来自 2300 万年前。

为适应海洋生活，海豹的脚逐步蜕变成鳍的形状，因而被列为鳍足亚目哺乳动物。全世界共有 34 种海豹，不同种类的海豹外观有许多相似之处，大小却各不相同。环斑海豹体重一般只有 90 千克，而北象海豹的体重则能达到 3600 千克，这个庞然大物超过了 40 个人加在一起的重量。而且，大部分种类的雄海豹体形大于雌性。

不同种类的海豹性格也不同，比如可爱温顺的威德尔海豹、

丑萌的南象海豹、鼻孔超大的食蟹海豹（食蟹海豹其实并不吃蟹）。海豹家族里最凶猛的是豹海豹。豹海豹生活在南极洲，除了吃鱼、虾、海鸟、企鹅，也会捕食其他体形小一些的海豹，曾经还发生过袭击人类的事件。豹海豹唯一的天敌是虎鲸。

菲加是什么种类的海豹？

菲加是琴海豹。琴海豹刚出生的时候皮毛是淡黄蓬松的，几天后会变得雪白，通常在出生后两周左右开始脱掉标志性的白色胎毛，逐渐换成更适合在海中捕猎的带有小斑纹的银灰色皮毛。在随后的几年里，小海豹每年都会换毛。在每年换毛的过程中，它们皮毛上的黑色的斑点会越来越大，最终变成一个巨大的、竖琴状的黑色斑纹，因此得名（竖）琴海豹。你可以翻回到故事的插画中仔细观察一下，菲加和尼克在不同年龄时，皮毛都是不一样的。

菲加喜欢吃什么？

在我们的故事里，尼克送给菲加一个“蛋糕”。其实在真实的动物世界，刚出生的海豹幼崽以母海豹的乳汁为食，断奶后海豹的食物以鱼类为主，也食用甲壳类及头足类动物。母海豹的乳汁像天然奶油一样营养丰富，脂肪含量很高。海豹是哺乳期最短的哺乳动物，通常只有十几天。一旦哺乳期结束，海豹妈妈就会离开。因此，小海豹出生后要使劲儿地吃奶，它们的任务是要在一周后使自己的体重达到出生时的三倍（从 10 千克长到 30 千克）。海豹有一层厚厚的皮下脂肪，这让它们在寒冷的极地也能保持体温的恒定。同时，脂肪还可以提供食物储备，并产生浮力。

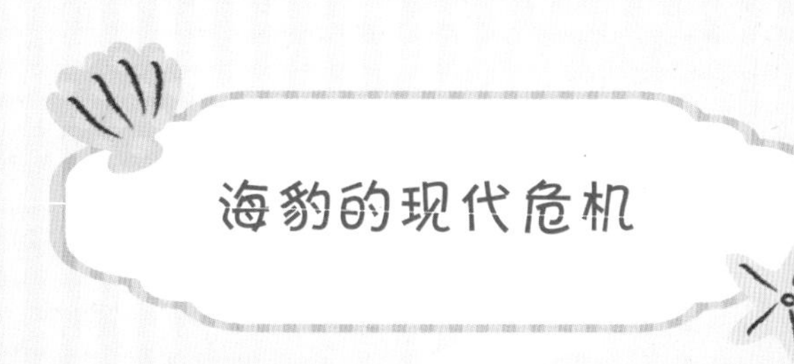

海豹的现代危机

几千万年来，海豹一直在冰冷的极地海洋中过着与世无争的生活。然而，随着人类活动的不断扩张，海豹的生存也面临着诸多威胁，包括栖息地丧失、全球变暖导致的冰面融化、人类过度捕鱼导致的食物减少和渔网缠身以及海洋污染等。海豹面临的最大威胁，还是人类进行的商业性海豹猎杀。

加拿大商业捕杀海豹是全球范围内官方授权的规模最大的针对海洋哺乳动物的捕杀行为，时至今日依然在全球范围内广受批评，遭到猎杀的海豹甚至还包括3周到3个月大的幼崽。

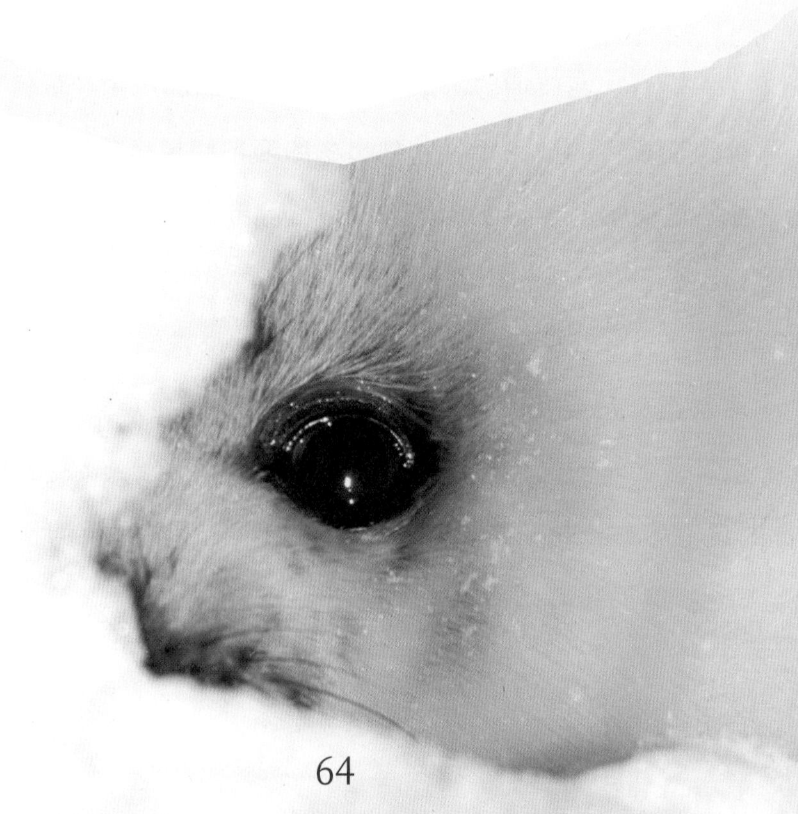

海豹妈妈如何在成千上万只小海豹中找到自己的孩子？

海豹具有非凡的听力，能够从上万只嗷嗷待哺的小海豹的鸣叫中分辨出自己的孩子，超群的听觉还可以帮助海豹第一时间发现危险的来临。虽然琴海豹的耳朵没有外耳廓，但是这并不会影响它们在水下的听觉，它们下海游泳时可以把耳洞关闭防止进水。

海豹的小尾巴有什么用？

琴海豹的尾巴短小扁平，虽然它们在陆地上行动笨拙，需要扭来扭去地匍匐前进，但是一旦进入大海，它们的小尾巴可以像螺旋桨一样快速地通过打水来驱动身体。此外，琴海豹的后肢趾间有蹼（鳍状肢），也是游泳的得力“工具”。

小海豹必须学会的一项重要生存技能——打冰洞

海面上的冰洞，不仅是琴海豹往来于大海与陆地的“交通要道”，也是它们观察环境和躲避天敌的“逃生通道”。当它们在陆地上遇到北极熊时，就要迅速从最近的冰洞跳入大海；当它们在海里遇到虎鲸时，可以从冰洞逃回地面。如此重要的通道仅仅依靠天然形成是不够的，所以海豹就需要自己打洞了，它们长有锋利爪子的短小前肢就是最好的打洞工具。

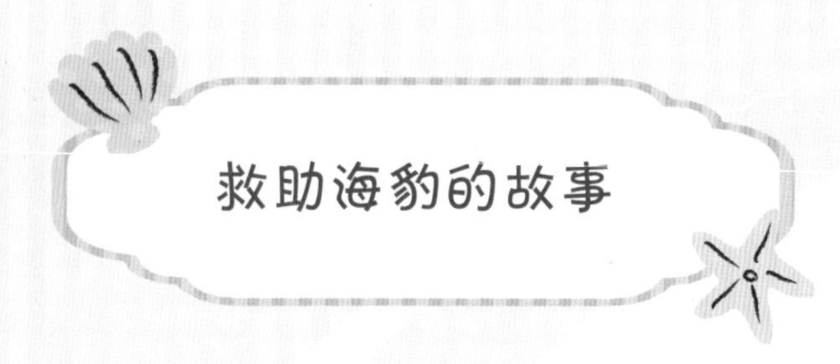

救助海豹的故事

2020 年 5 月，美国马萨诸塞州的一处海滩上出现了一只孤零零的小海豹。国际爱护动物基金会（IFAW）的海洋救援团队赶到后发现，这只小海豹大约刚刚出生一周左右，身上的脐带还没有完全脱落。救援人员刚开始没有采取行动，只是留在附近保持距离地守护这只落单的小海豹，想等一等看它的妈妈是否还会回来。

两天过去了，小海豹的妈妈还是没有出现，于是救援人员把它送到了国家海洋生物中心进行体检和康复治疗。小家伙是在一个叫梅子（Plum）的灯塔附近被发现的，所以大家给它起名叫“阿梅”。阿梅在救助中心受到了专家的悉心呵护，和其他小伙伴也相处得很愉快，没多久体重就增加了 10 千克。在中心愉快地生活了三个月后，幸运的小海豹阿梅通过测评被放归大海。